現場では、さまざ
れています。どの活動も過去の災害を再び繰り返さない……という思いで行われています。

　現場で事故や災害を起こさないためには、法律上の決まりや会社や現場のルールを守ることが大切です。安全に作業するための基礎知識を身に付け、決められた作業手順を絶対守るという高い意識が必要です。

　本書では、イラストを使って安全作業のポイントをまとめていますので、作業開始前に確認し、危険の芽を摘み取るための参考にしてください。

> **監督者、リーダーが大きな声で挨拶し、安全作業のポイントを伝達しよう。**

目 次

1 作業の心得 03
2 作業の基本 05
   1 保護具の着装（墜落制止用器具含む） 05
   2 通行（現場内を通行するときの注意点） 08
   3 物の運搬 09
   4 火災の防止 10
3 墜落・転落災害防止 11
   1 足 場 11
   2 開口部 16
   3 作業構台 19
   4 脚 立 20
   5 高所作業車 22
   6 トラック荷台 24
   7 ローリング足場 26
   8 はしご作業 28
4 重機、移動式クレーン関連災害防止 30
5 フォークリフト関連災害防止 35
6 感電災害防止 37
7 酸欠等による疾病防止 41
8 電動工具による災害防止 42
9 機械等点検中の災害防止（ロックアウト・タグアウト） 44
10 火災発生防止 45
   1 溶接・切断作業におけるガスボンベ設置上の注意 45
   2 エンジンウェルダーの使用について 47
   3 エンジンウェルダー使用上の注意 48
11 現場活動の基本 49
   1 5S活動 49
   2 リスクアセスメント 50
   3 ヒヤリハット活動 51
   4 作業前点検 53
   5 災害発生時の措置 54
12 労働災害を起こす危険事象70 55

作業の心得

① 健康状態を自己チェックし、異常を感じたら職長に報告すること
② 朝礼には必ず参加すること
③ 作業開始前に持ち場の設備、機械工具等の始業点検を行い、作業終了5分前に持ち場の片付け、清掃を行うこと
④ 作業に適した服装で、必要な保護具は必ず使用すること
⑤ 立入禁止の表示のある場所には立ち入らないこと
⑥ 危険と感じた作業は直ちに中止し、職長に申し出ること
⑦ 手すりや防護ネットなどの安全設備は、勝手に外さないこと
⑧ 高所で作業を行う場合は、必ず墜落制止用器具を使用すること
⑨ 指示や打合せの内容以外の作業が発生したときは、すぐに作業を中止し、職長に申し出ること
⑩ 安全通路、開口部の周囲、分電盤の周囲、路肩付近に資材・残材を置いたままにしないこと
⑪ 玉掛け作業は必ず有資格者が行い、吊荷の下には絶対立ち入らないこと
⑫ 電気配線、分電盤の操作は勝手に行わず、必要な場合は職長に申し出ること
⑬ 資格が必要な作業、運転を勝手に行わないこと
⑭ 稼働中の重機・車両等の周囲を通行する場合は、誘導者の指示に従うこと
⑮ くわえタバコの作業、歩行は厳禁。決められた場所で喫煙すること

⑯ 資材や設備の異常を発見した場合はそのまま使用せず、職長に申し出ること
⑰ 重機・車両等の運転席から離れるときは、エンジンを停止させ、キーを抜くこと
⑱ 作業場での失敗や不良が発生したときは、職長に申し出ること
⑲ 廃棄物は、指定された保管場所に分別して廃棄すること
⑳ 車両、重機等の無駄なアイドリングは行わないこと
㉑ 作業が変更された場合は、職長または上長に報告すること

作業の基本

1 保護具の着装(墜落制止用器具含む)

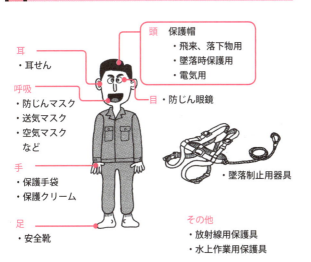

頭 保護帽
- 飛来、落下物用
- 墜落時保護用
- 電気用

耳
- 耳せん

呼吸
- 防じんマスク
- 送気マスク
- 空気マスク
など

目・防じん眼鏡

手
- 保護手袋
- 保護クリーム

足
- 安全靴

・墜落制止用器具

その他
- 放射線用保護具
- 水上作業用保護具

- 作業の内容に応じて保護具を着装すること
- 必要な保護具は、事業主や職長に申し出ること
- 身に付けた保護具は、必ず使用すること

安全帯から「墜落制止用具」へ

● 主な法改正ポイント（2018年6月）
1. 安全帯を「墜落制止用具」と名称が改められた
2. 墜落制止用具は、「胴ベルト型（一本つり）」、「ハーネス型（一本つり）」が含まれる（「胴ベルト型（U字つり）」は省かれる）
3. 原則、墜落制止用具としてのフルハーネス型を使うことが義務となる
4. 墜落時にフルハーネス型の着用者が地面に到達するおそれのある場合は、胴ベルト型の使用も認める
5. 胴ベルト型が使用できる上限は 6.75 m 以下。それ以上はフルハーネス型が義務
6. この法改正は 2019年2月1日から適用。2022年1月1日より、旧規格品の使用は禁止
7. ハーネス型墜落制止用具使用は特別教育の対象となる
   教育時間は6時間。ロープ高所作業特別教育修了者や足場組立等特別教育は一部免除される

● 従来の安全帯の機能

フォール・アレスト

ワーク・ポジショニング
※制止用具から除外

レストレイン

墜落制止用器具の特別教育対象者は

- 高さが 2 m以上の箇所であって作業床を設けることが困難なところにおいて、墜落制止用器具のうちフルハーネス型のものを用いて行う作業に係る業務（ロープ高所作業に係る業務を除く）

> 高所で作業する人が対象！
> 特に建設業は、ほとんどの人が含まれる。

- フルハーネス型墜落制止用器具

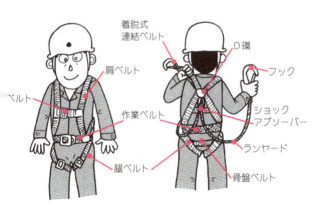

2　通行（現場内を通行するときの注意点）

- ポケットに手を入れて歩かない
- 必ず決められた通路を通る（近道、通り抜け禁止）
- 重機、クレーン等の作業エリアに接近する場合は、誘導者の指示に従う
- 作業所内では走らない
- 階段や足場上では、手すりに手を添えて歩行する
- 荷を持った他の作業員、運搬車には道を譲る
- 見通しの悪い場所や曲がり角では車両や他の作業員に注意

3　物の運搬

取扱い許容重量	18才以上の男性	体重の40%以下
（継続作業の場合）	18才以上の女性	20kg未満

- 重い物を持ち上げる場合は、腕だけで抱えず、体を近づけて背骨をまっすぐにして足の屈伸で持ち上げる

- 55kg以上は2人で取り扱うこと（腰痛予防指針）

- 資材を抱えて運搬する場合は、足元が見えにくいため事前に凹凸や段差をなくす
- バランスをくずさないように適度な分量を運ぶ

- 長尺物の運搬は2人で行い、体格・体力差のない者同士で行う

4 火災の防止

- 「火気厳禁」の表示がある場所では、火気（喫煙、アーク溶接、ガス切断、アスファルト溶融等）を使わない
- 電気器具は、退室のときにプラグを抜く
- 喫煙は決められた場所で行う
- 消火器は勝手に動かさず、決められた場所に置く
- 消火器の周辺はいつも整理する

墜落・転落災害防止

1 足場

① 正しい足場の図

〔枠組み足場〕

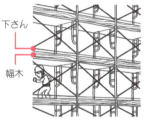

〔枠組み足場以外の足場〕

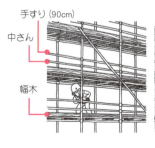

② 足場に関する労安則強化点

- 足場材緊結などの作業を行うときは、原則として幅40センチ以上の作業床を設置

作業床の幅
40cm以上

足場材緊結などの作業を行うときは、墜落制止用器具を手すりや親綱に取り付ける

- 足場の組立、解体、変更作業は、特別教育受講修了者でなければ行えない（足場の取外しや地上での補助業務などを除く）
- 元請等（注文者）は、足場の組立て、一部解体・変更後、次の作業開始前に足場を点検・修理し、記録を作業終了まで保管する
- 足場の墜落防止措置を実施する

床材と建地との隙間

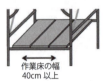

床材間の隙間 3cm以下
作業床の幅 40cm以上
＋
床材と建地との隙間 12cm未満

・足場から手すりを外す場合は、関係作業者以外は立ち入らず、作業終了後は直ちに元に戻す

③ 災害事例

- 作業中は、必ず墜落制止用器具を使用する
- 足場上の資機材を片付ける
- 開口部に背を向けずに作業する

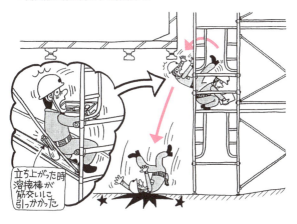

- 手すり、筋交い・幅木を取り外して作業を行う場合は、必ず墜落制止用器具を使用する

- 部材は決められた方法で固定する

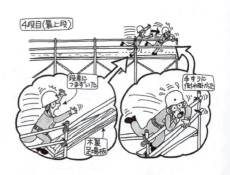

- 荷を取り込む場合は、荷取り構台、張り出し足場を事前に設ける

- 作業は前進姿勢で行う

2　開口部

- 通路上の資材は片付ける

- 開口部の養生を外して作業を行う場合は、フック等を取り付け、墜落制止用器具を使用する

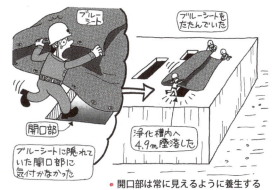

- 開口部は常に見えるように養生する
- 開口部は、事前に手すり、蓋等を設置した上で作業を開始する

開口部の養生方法①

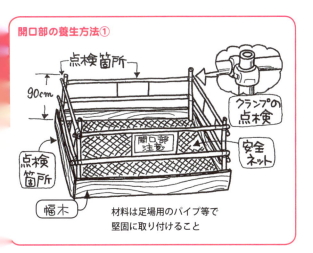

開口部の手すりを一部外して作業する場合の措置例

- フルハーネス型
- レストレイントは開口部に落ちない長さ

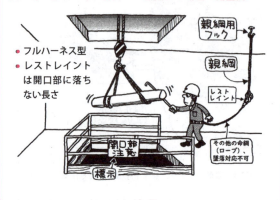

開口部の養生方法②

① 開口部の径が小さい場合には蓋を設置する。
② 蓋を設ける場合は、桟木で滑り止めをし、蓋に開口部と表示する。

3　作業構台

- ネットは確実に取付け、親綱を設置する(最上部はフルハーネス型墜落制止用器具を使用することが望ましい)
- 開口部に正対して作業する

- 組立作業中は、フルハーネス型墜落制止用器具を使用する
- 部材は、必ず固定したことを確認して、次の作業に移る

4 脚立

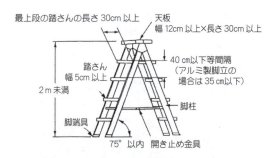

- 設置場所に凹凸がある場所では使用しない

- 高所の作業は、ローリング等の作業床を設置して行う

- 脚立の昇降は、脚立に正対して脚柱を握りながら行う

5 高所作業車

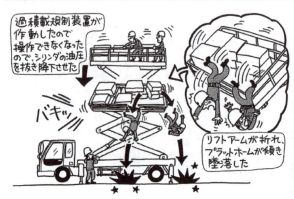

- 「作業計画」に基づいた作業を行う
- 制限重量を守る

- 作業に合った高さの作業車を使用する

- バスケットから乗り移らない

高所作業車を昇降設備代わりに使ったことが災害の誘因に

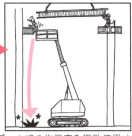

ブーム式の作業車を複数使用する場合は、お互いが接触しないように、距離を十分確認する

- 乗降口のチェーン、またはゲートを閉めて作業する

乗降口を開けっ放しにして作業をしていたところ ▶

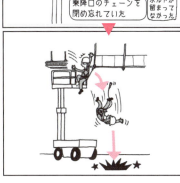

手を滑らせて、乗降口から後ろ向きに落下してしまった ▶

6 トラック荷台

- 荷台の隙間が狭い場合は、立馬等の補助足場を設置する

- ブームを操作する場合は、荷台から下りる
- 吊り荷の移動方向と離れて操作する

- 玉掛け作業前にトラックのあおりを開く

- 足元に余裕のある場所で作業する

7　ローリング足場

- ローリング足場は、必ず水平面で使用する
- ローリング足場移動範囲の段差、開口部は養生する

- 移動する際は、作業床から全員降りて行う
- 墜落制止用器具を使用する

ローリング足場の正しい使用方法

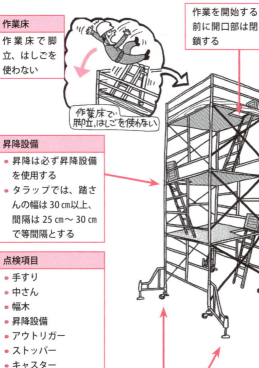

作業床
作業床で脚立、はしごを使わない

作業を開始する前に開口部は閉鎖する

作業床で脚立、はしごを使わない

昇降設備
- 昇降は必ず昇降設備を使用する
- タラップでは、踏さんの幅は 30 cm 以上、間隔は 25 cm～30 cm で等間隔とする

点検項目
- 手すり
- 中さん
- 幅木
- 昇降設備
- アウトリガー
- ストッパー
- キャスター

標　示
● 最大積載荷重
● 作業主任者名

アウトリガー・ストッパー
- 車止めは完全に利かせる
- アウトリガーは完全に張り出す

3　墜落・転落災害防止

8　はしご作業

- はしごは、75度程度の角度で使用する

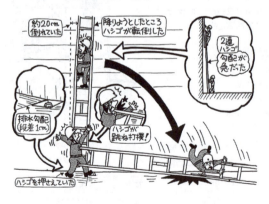

- はしごの上部は必ず固定する

- 伸縮式はしごは、ロックの固定を確認する

- はしごが固定できない場合は、必ず押さえる
- 使用前に部材の損傷、不備等を点検する

重機、移動式クレーン関連災害防止

- 重機等を足場代わりに使用せず、正しい作業床(高所作業車等)を確保する

- クレーン機能付バックホウを使用する
- 吊荷の旋回範囲内は立入禁止表示を行う

- 重機と作業員が混在する場合は、誘導者を配置する

- クレーンの安全装置（過負荷防止装置）は正しく使用する

- 移動式クレーン、車載式クレーンは、敷角、敷鉄板等でアウトリガー設置面の養生を行う

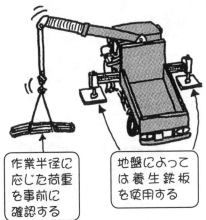

- **定格総荷重の範囲内で作業してください**

- **旋回方向により、車両の安定が変わります。転倒に注意し、ゆっくりと操作してください**
  - アウトリガより前方では、定格総荷重の 1/4（25％）を超える作業を禁止

  - 安定は、後方から前方になるほど悪くなる

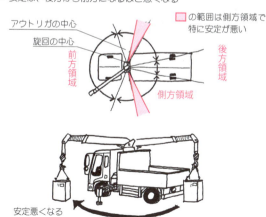

いろいろな玉掛け方法

目通し掛け

天秤＋半掛け

あだ巻き掛け

ハッカー

つりクランプ1ケ

リフチングマグネット等

結束されていない複数の荷

一点づり

自由落下

フォークリフト関連災害防止

検品終了後、フォークリフトが右旋回で発進したため、フォークリフトと壁の間に挟まれる

フォークリフト特別教育

- フォークリフトの運転操作及び発進の際は「右ヨシ、左ヨシ、前方ヨシ」と指差呼称を行うなど周囲の安全を十分に確保すること
- フォークリフトの周囲で作業する者は、フォークリフトの運転手から見える安全な立ち位置を確保すること

・作業計画書の作成
・作業指揮者の配置
・誘導員の配置と合図

フォークリフトのフォーク（爪）の幅を変更している時、フォークが急に下降し、地面との間に手をはさむ

- フォーク幅調整時は、フォークが確実に固定されていることを確認する

フォークリフト作業中、マストと窓枠間で首をはさんだ

フォークリフト作業中で、マストを前傾させて伸ばし床上5mの荷（パレット上）を受けた。パレットの荷の状態を確認するため運転士がフォークリフトのフロント窓枠から身を乗り出して首を出したとき、膝でチルトレバーを手前に引いてしまったので、前傾させていたマストが手前に動き、マストと窓枠間で首をはさまれた

6 感電災害防止

工事用電気機器

電気溶接機・移動用電動機器・電工ドラム・可動型電動工具・ハンドランプ等をいう

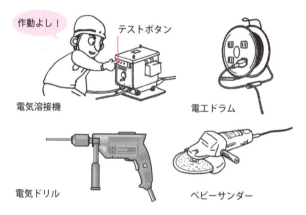

工事用電気機器の使用前は、下記の点検を必ず行う
- スイッチ、安全装置の作動状況
- キャブタイヤケーブルの損傷
- プラグの損傷
- アースの接続

- 自動電撃防止装置が取付けられた溶接機を使用する
- 体が濡れた状態で作業しない

- アースは、溶接箇所の近くに取る
- 屋内・屋外とも防塵マスクを使用する

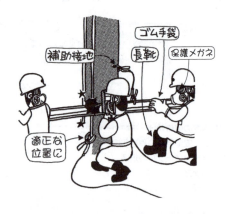

交流アーク溶接機の配置および点検項目

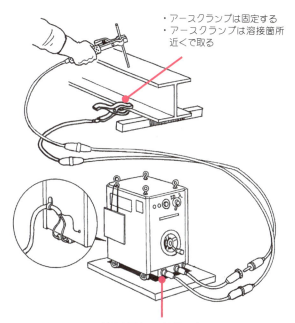

・アースクランプは固定する
・アースクランプは溶接箇所近くで取る

・端子を固定し、絶縁カバーを取り付ける
・絶縁カバーとケーブルの接点をテーピングする

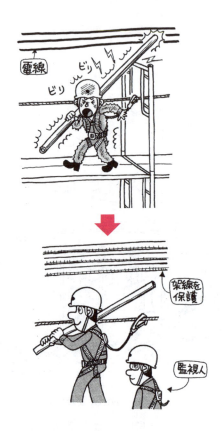

- 送電線に近接した作業は、架線を事前に保護する
- 監視人を配置し、慎重に作業する

酸欠等による疾病防止

- 作業主任者の指揮のもとに作業する
- 作業開始前に酸素濃度を測定する（外部と内部の濃度差がある場合は作業中止）
- 作業員に酸欠に関わる教育を行う
- 測定結果は記録し保管すること

8 電動工具による災害防止

I ディスクグラインダー

このあと彼は左手を裂傷します

保護メガネと防塵マスクも使おう

コンクリート壁がカッター切りをしている時鉄筋に刃があたり、顔面を切創した

キックバック防止機構等のリスク低減装置付きを使用しよう

解線して使おう

巻いたまま使うと微小だが磁力が発生してケーブルが加熱される

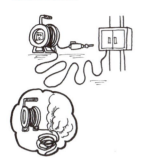

スイッチがONになっている

電動工具が凶器に変わる瞬間

機械等点検中の災害防止
(ロックアウト・タグアウト)

- 機械や設備の点検作業開始前に、機械等が勝手に運転されないようにスイッチ、バルブ等は固定する（ロックアウト）、または操作を禁止する標識を取り付ける（タグアウト）

◀ ロックアウト

タグアウト ▶

火災発生防止

1 溶接・切断作業におけるガスボンベ設置上の注意

- 可燃物がある場合は、作業員の見やすい場所に「火気厳禁」表示を行う
- 火気を使用する場合は許可を得る

- 可燃性ガスが発生するボンベはピット等に持ち込まない

- 階下の天井吹付けウレタンは燃えやすいので開口部の養生実施
- 脚立をまたいでの作業は禁止

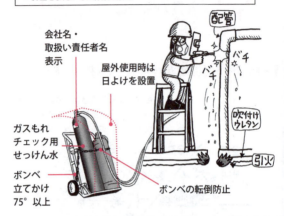

- アーク溶接、ガス切断作業中は不燃シート等を用いて養生を行う

火気使用作業の基本

- 可燃性物質のウレタンを除去
- 不燃シート等で養生

2 エンジンウェルダーの使用について

- エンジンウェルダー取扱い基準は、溶接を目的とする移動用ウェルダーを使用して、電気溶接作業を行う場合に適用する
- 安全作業は正しい取扱いから
- 電気配線方法は電気溶接使用に準ずる
- 取扱い説明書をよく読んで、正しく安全に使用する
- 人に貸したり、使用させるときは、取扱い方法をよく説明し、あらかじめ「取扱い説明書」を読むよう指導する

3 エンジンウェルダー使用上の注意

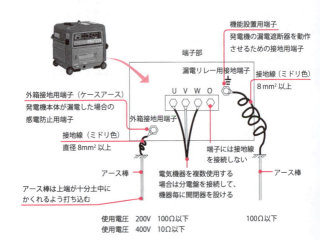

- 水平・堅固な場所に設置する
- 通風・換気の良い場所に設置する
- 消火器（電気火災用）を備え付ける
- 湿潤な場所、可燃物の近くを避けて設置する
- 作業開始前に漏電遮断器の動作を確認する

現場活動の基本

1 5S活動

5S活動とは、

整 理	安全通路や作業床を確保するために、要る物と要らない物を区別して、要らない物を処分すること
整 頓	効率的に作業を進めるために、要る物を所定の場所にきちんと置くこと
清 掃	粉じん等が飛散しないように、身の回りのものや作業場所をきれいにすること
清 潔	健康で快適な環境をつくり出すために、いつ誰が見ても、誰が使っても不快感を与えないようきれいに保つこと
躾(しつけ)	事故・災害を予防するために、現場のルールや規律を守らせること

2　リスクアセスメント

　リスクアセスメントとは、事前に準備された設備と材料と場所を確認し、翌日の作業に予測される危険を洗い出し、危険を回避する作業手順を決定することである。具体的な手順は、

- これから行う作業に、どんな危険が潜んでいるか探し出す
- 誰がどのような危害を受けるか考え、危害を受ける可能性と危害の重篤度を見積もる
- リスクの評価に基づき、災害予防対策を検討し、作業手順を決定する
- 調査結果を記録し、予防対策を実行する
- 調査結果をもとに、必要に応じて作業手順書を修正する

3　ヒヤリハット活動

　危ない目にあった体験や、ケガをしそうになった経験を仲間に共有してもらうことでお互いの注意をうながし、安全管理の改善に活かしていく活動である。
　ヒヤリハットの発生の要因は、

1	大丈夫と思った
2	危険意識が乏しかった
3	よく見えなかった
4	見落とした
5	安易に考えた、深く考えなかった
6	他の事を考えていた
7	無意識に行動した
8	手足や体が正確に動かなかった
9	体のバランスを崩した
10	作業のポイントを忘れていた
11	体調が悪かった

などが考えられる。

ヒヤリハットが起きたときは、

1	必ず職長に報告する
2	ヒヤリハット情報を、朝礼やミーティング時に全員に報告する

【作業の変更が生じたときの処置】
- 作業を中断し、職長、上長に連絡をする
- 関係者で打合せを実施する
  （作業計画見直し及びリスクアセスメント等）

4 作業前点検

作業前点検は、次の 5 つの原則で行う。
- 作業場所は安全か？
- 作業設備は安全か？
- 作業方法は安全か？
- 使用機械は安全か？
- 保護具は良いか？

5　災害発生時の措置

災害発生時の心得

1	あわてず、落ち着いて処置にあたる
2	何が起こっているのか、状況を正しく把握する
3	最初に何をするのか、行うべきことを整理する
4	被災者を安全な場所に移す
5	無責任な意見に惑わされない
6	周囲の人に協力を求める
7	被災者の様子や症状を確認し、医師に報告する
8	現場の保存を行い、作業を休止する

災害発生

現地で直ちにやるべきこと

二次災害の防止

災害発生時は「人命優先で行動」

確認事項
① 負傷状況の確認
② 意識の有無の確認
③ 係員・職長等への連絡
④ 応急手当

① 被災者の救出 → 病院への移送

被災者の程度による対応

・けがが重篤と判断されるとき	救急病院へ
※火事・酸欠・有機溶剤中毒等、手に負えないとき	消防署へ連絡

② 現場の保存
● 当該被災場所への立入禁止
● 当該作業の即時中止指示

労働災害を起こす危険事象 70

1	安全装置をはずす、無効にする
2	クレーン等の安全装置の設定を誤る
3	機械、装置等を不意に動かす
4	不意の危険に対する措置の不履行
5	合図、確認なしに車両、重機を動かす
6	合図なしで物を動かす
7	機械、装置を動かしたまま離れる
8	機械、装置を不安全な状態にして放置する
9	工具、用具、材料等を不安全な場所に置く
10	資材の積み過ぎ
11	危険なものを混ぜる
12	不安全なものを承知で取り替える
13	欠陥のある機械、装置、工具等を使い続ける
14	機械、装置等を用途外使用する
15	機械、装置、工具等の選択を誤る

16	機械、装置等を所定の速さ以上で使用する
17	運転したまま機械装置等を清掃する
18	危険物を粗雑に扱う
19	保護具を使用しない
20	保護具の使用方法を誤る
21	服装が乱れている
22	危険な場所へ接近する
23	作動中の機械、装置等に接近または触れる
24	立入禁止箇所に入る
25	吊荷に触れる、真下に入る
26	崩れやすい物に乗る、触れる
27	不安定な場所に乗る
28	道具を用いず手を使う
29	荷の中抜き、下抜きを行う
30	手渡しせず、投下する
31	飛び乗り、飛び降りをする
32	現場内を小走りする
33	悪ふざけをする
34	スピードを出しすぎる
35	荷を持ちすぎる

36	物の支え方を誤る
37	物をしっかり持たない
38	物の押し方、引き方を誤る
39	上がり方、下り方を誤る
40	おごり、自信過剰
41	「自分しかできない」との思い込み
42	「作業を止めたくない」との気持ち
43	「これまでやってきた」との思い込み
44	憶測で行動する
45	作業への慣れすぎ
46	「カン」への頼りすぎ
47	不用意な動作、操作
48	自惚(うぬぼ)れた行動
49	意識が低い
50	誤りに気づかない
51	操作に抜けがある
52	不要な行動を行う
53	気配りが足りない
54	慎重な行動に欠ける
55	次のステップを考えない

56	機械、工具を雑に扱う
57	作業後の確認がない
58	作業場所を事前に確かめない
59	自分勝手に行動する
60	作業の手順を守らない
61	間違った作業に気づかない
62	作業を軽視する
63	仕事中に考え事をする
64	嫌々ながらに仕事を進める
65	仕事のやり方を理解しない
66	チームワークを考えない
67	ルールを無視する
68	自己反省をしない
69	仕事の性質をよく理解しない
70	ムリ、ムダ、ムラが多い

MEMO

工事安全衛生ポケットブック　改訂第2版

2007 年　5月17日	初版	
2019 年　3月　5日	改訂第2版	
2022 年　9月14日	改訂第2版3刷	

編　　者	株式会社労働新聞社	
発　行　所	株式会社労働新聞社	
	〒 173-0022　東京都板橋区仲町 29-9	
	TEL：03-5926-6888（出版）　03-3956-3151（代表）	
	FAX：03-5926-3180（出版）　03-3956-1611（代表）	
	https://www.rodo.co.jp　　pub@rodo.co.jp	
印　　刷	株式会社ビーワイエス	

ISBN 978-4-89761-740-4

落丁・乱丁はお取替えいたします。
本書の一部あるいは全部について著作者から文書による承諾を得ずに無断で転載・複写・複製することは、著作権法上での例外を除き禁じられています。